我是传奇

埃鲁德·基普乔格

流年 著　锄豆文化 编绘

北京时代华文书局

图书在版编目（CIP）数据

埃鲁德·基普乔格 / 流年著；锄豆文化编绘. —
北京：北京时代华文书局，2024.3
（我是传奇）
ISBN 978-7-5699-5397-8

Ⅰ．①埃… Ⅱ．①流… ②锄… Ⅲ．①儿童故事—
中国—当代 Ⅳ．① I287.5

中国国家版本馆 CIP 数据核字（2024）第 052763 号

拼音书名丨WO SHI CHUANQI
　　　　　AILUDE JIPUQIAOGE

出 版 人丨陈　涛
选题策划丨直笔体育　徐　琰
责任编辑丨马彰羚
责任校对丨初海龙
封面设计丨王淑聪
责任印制丨訾　敬

出版发行丨北京时代华文书局 http://www.bjsdsj.com.cn
　　　　　北京市东城区安定门外大街 138 号皇城国际大厦 A 座 8 层
　　　　　邮编：100011　电话：010-64263661　64261528

印　　刷丨三河市嘉科万达彩色印刷有限公司　0316-3156777
　　　　　（如发现印装质量问题，请与印刷厂联系调换）

开　　本丨710 mm×1000 mm　1/16　印　张丨2.5　字　数丨29 千字
版　　次丨2024 年 3 月第 1 版　　　　印　次丨2024 年 3 月第 1 次印刷
成品尺寸丨170 mm×230 mm
定　　价丨198.00 元（全十册）

版权所有，侵权必究

开篇

他是男子马拉松世界纪录的创造者，
全球第一位全程马拉松跑进
2小时大关的选手；
他还是两届奥运会冠军、
十届马拉松大满贯赛事的冠军。

他是当之无愧的
"马拉松运动第一人""马拉松之王"，
是享誉世界的"体坛超级巨星"。
他不断地挑战着马拉松这项运动的极限，
确切地说是人类奔跑的极限，
他就是来自肯尼亚的马拉松运动员
埃鲁德·基普乔格。

在各种辉煌荣誉的背后，
是他苦难的童年、刻苦的训练、自律的生活。
他是全球众多跑步爱好者的偶像，
他用跑步激励着越来越多的穷苦孩子，憧憬着光明的未来。

基普乔格

他是被动的**跑步天才**

1984年11月5日,基普乔格出生于"**长跑王国**"肯尼亚西部南迪县的一个小村庄。

那是一个靠近南迪县心脏地带的小村庄,村庄里的小房子都很破旧,其中一栋小房子就是基普乔格的家,也是他从小成长生活的地方。

如果不是亲眼所见，很难想象出基普乔格的成长环境竟然这样简陋。

这里的海拔在2000米左右，资源贫乏，经济相对落后，有的家庭甚至吃了上顿没下顿，连件像样的衣服也没有。

让人欣慰的是，这个地方虽然贫穷落后，却诞生了很多世界长跑冠军。

在离基普乔格家不远的地方，有一个名叫埃尔多雷特的小镇，被称为"冠军之乡"。小镇里的年轻人用长跑打开了通向世界的大门。基普乔格虽然不是这里的人，

**但他从冠军身上
　　看到了一丝希望的曙光。**

在基普乔格很小的时候，他的父亲就去世了，整个家庭的重担全都落在了基普乔格的母亲身上。

当时基普乔格的母亲是一名幼儿园老师，她要靠微薄的收入抚养家中的四个孩子，生活十分艰难。幸运的是，四个孩子都很懂事。

哥哥姐姐早早地就开始赚钱，帮助母亲分担压力，年纪最小的基普乔格也会帮着家人做力所能及的事。

到了上学的年纪，基普乔格遇到了一个新的难题：学校离家非常远，基普乔格家没有汽车，也没有自行车，他只能跑着去上学。

但对于在贫困中挣扎的基普乔格来说，上学的机会太难得了。

**他想抓住这个机会，
看看更大的世界。**

于是，基普乔格每天早晨都很早起床跑去学校，到了中午再跑回家吃饭，吃过午饭跑回学校继续上课，晚上再飞奔回家。他就这样每天跑两个往返，日复一日。

　　到了十几岁的时候，除了坚持跑步，基普乔格每天还要从邻居那里收集牛奶，然后骑几十千米自行车运到附近城镇的市场上卖，以补贴家用。

　　虽然生活很辛苦，但这也让基普乔格从小就适应了高强度的运动。

每个人在年少时都有自己的爱好,基普乔格最大的爱好就是跑步。尽管这更像是一个被动的爱好,但这样的成长方式,为基普乔格将来成为**"马拉松之王"**奠定了非常坚实的基础。

但仅仅有基础是不够的,要想成为真正的冠军,还需要一个合适的教练。2001年,16岁的基普乔格遇到了改变他一生的教练——帕特里克·桑。

他是"半路出家"的马拉松巨星

帕特里克·桑在长跑界是一位比较知名的人物，他也是肯尼亚人，曾经在1992年巴塞罗那奥运会上获得3000米障碍跑的亚军。

就是那场决赛，基普乔格在黑白电视机里看到了帕特里克·桑的精彩表现。帕特里克·桑奋力奔跑的身影，在基普乔格脑海中留下了深刻的印象。

从那以后，基普乔格就把帕特里克·桑当成了自己的**偶像**。

真厉害！

2001年，帕特里克·桑回到家乡，负责在当地组织体育比赛。基普乔格终于有机会在现实生活中见到偶像，他激动万分。有一天，基普乔格鼓起勇气，来到帕特里克·桑面前，害羞地红着脸说：

您好，先生，您可以给我一份训练计划吗？我想这可以帮助我更好地完成训练。

帕特里克·桑看着这个小伙子，好奇地问："你是谁？"

基普乔格说:"我叫埃鲁德·基普乔格,是和您住在一个村子里的邻居,我很小的时候就看过您的比赛,我也想成为一名职业的长跑运动员。"

于是,帕特里克·桑给了他一份为期两周的训练计划。过了两周,基普乔格又来问:"接下来我该怎么办?"之后的几个月里,基普乔格非常自律,每两周都会来找帕特里克·桑一次。

经过训练,基普乔格最终在当地的一场比赛中获胜。赛后,帕特里克·桑送给基普乔格一块手表,并且同意正式成为基普乔格的教练,基普乔格激动得跳了起来。

太棒了!

在帕特里克·桑的训练下，基普乔格慢慢地成为职业长跑运动员，成绩也是突飞猛进。

但是基普乔格一开始选择的并不是马拉松，而是5000米长跑项目。

基普乔格凭借着自身绝佳的身体素质，还有童年时的经历和刻苦的训练，在年仅18岁的时候，就获得了巴黎田径世锦赛男子5000米冠军，此后，又相继获得了2004年雅典奥运会5000米季军和2008年北京奥运会5000米亚军。

但是慢慢地，帕特里克·桑发现基普乔格很难在5000米上取得更大的突破。在2012年肯尼亚国内选拔赛中，基普乔格仅获得第7名，这意味着他失去了参加2012年伦敦奥运会的资格。

这次失利对于基普乔格来说是一次巨大的打击，他的职业生涯落入低谷。

这个时候，帕特里克·桑猛地想起了基普乔格十几年的长跑经历，他激动地对基普乔格说："不如我们去试试马拉松吧？"

听到帕特里克·桑的话，基普乔格的眼中闪过一束亮光。于是，基普乔格接受了教练的建议，"半路出家"成为一名马拉松运动员。

他们还不知道，这个小小的决定即将改写人类马拉松运动的历史。

坚持与自律才是成功的诀窍

2012 里尔半程马拉松

基普乔格首次亮相马拉松赛场便一鸣惊人，获得季军。

2013 汉堡马拉松

这是基普乔格参加的首个全程马拉松比赛，他一战成名，以2小时05分30秒的成绩赢得第一枚马拉松冠军奖牌。

从转战马拉松赛场的那一刻起，基普乔格便开始一步步震惊世界。

2014　芝加哥马拉松

基普乔格以 2 小时 04 分 11 秒的成绩获得芝加哥马拉松冠军。

2016　伦敦马拉松 & 里约奥运会男子马拉松

基普乔格在伦敦马拉松上以打破赛会纪录的成绩夺冠；同年以 2 小时 08 分 44 秒的成绩获得 2016 年里约热内卢奥运会男子马拉松冠军。

5:30

| 2018 | 伦敦马拉松 & 柏林马拉松 | 2019 | 突破马拉松 2 小时大关 |

2018 年，基普乔格夺得个人第三个伦敦马拉松冠军；随后在柏林马拉松上以 2 小时 01 分 39 秒的成绩创造了新的马拉松世界纪录。

基普乔格在非正式比赛中以 1 小时 59 分 40 秒的成绩顺利完赛，成为全球首位跑进 2 小时大关的马拉松运动员，他在不断地挑战着人类极限。

02:01:39

01:59:40

02:01:09

2021 东京奥运会男子马拉松

2021年8月8日,基普乔格以2小时08分38秒的成绩获得东京奥运会男子马拉松冠军。

(由于新冠肺炎疫情,2020年东京奥运会实际举办时间为2021年。)

2022 柏林马拉松

2022年9月25日,基普乔格以2小时01分09秒的成绩完赛,打破了由他自己保持的2小时01分39秒的世界纪录。

属于基普乔格的各种纪录在不断更新。

而这一切都离不开基普乔格的坚持与自律。每个训练日，他都会在早上5点45分起床，开始一天中的第一次训练。

午饭和短暂的休息时间过后，下午4点，他开始一天中的第二次训练，一直到晚上。而每天晚上9点，基普乔格会准时熄灯睡觉。

为了让身体保持最佳状态，基普乔格从来不喝酒。2019年，在他成功地在2小时内跑完全程马拉松之后，主办方特意举办了一场盛大的庆功晚宴。

在晚宴上，基普乔格为41名配速员颁发了奖杯。随后，大家就开始痛快畅饮，彻夜狂欢。但是基普乔格滴酒未沾，一个人悄悄地离开了会场，回到自己的房间按时入睡。

智能手机流行以后,许多人都被手机上丰富多彩的内容吸引,基普乔格却对手机游戏、社交媒体、娱乐八卦统统没有兴趣。

在机场候机时,其他人都在玩儿手机,只有他全程都没有碰过手机。因为基普乔格在跑步之外,最大的爱好就是**阅读**。

基普乔格喜欢读书,而且有做笔记的好习惯,他说过:"学习和运动同样重要,知识可以帮助我们探索人生的方向,一步步实现伟大的梦想。"

基普乔格每天要跑 25～30 千米，周四的跑量要增加到 40 千米，周六还要参加比赛，只有周日，他才会回到约 30 千米外的家中，与妻子和三个孩子团聚，周一又要回到卡普塔加特训练营。

对此，基普乔格解释道："我希望我的生活一直保持简单，我只想努力工作，而不是开着豪车或飞机。"

训练营的生活条件非常艰苦，基普乔格住的是双人间，房间里只有一台小电视机，除此之外没有其他家用电器。

卫生间是公用的，房间和卫生间都要自己打扫，衣服同样需要自己洗。

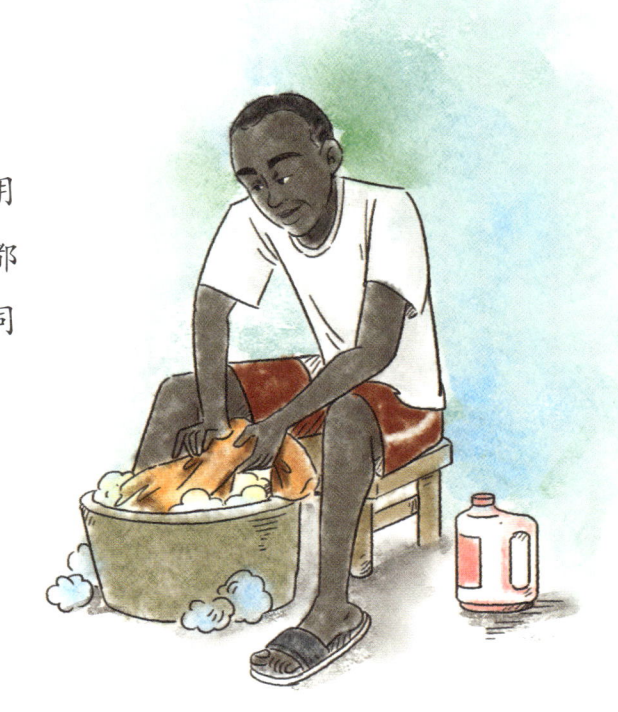

训练之余，基普乔格还需要去农场帮忙干活，但他很享受这样的生活。

在这个训练营里，他一待就是 20 年，但是，基普乔格从来不觉得枯燥和艰苦。

基普乔格说："每次训练和比赛我都会非常高兴，因为**跑步对我来说就是生命**。我喜欢这样的生活，我的生活里不能没有跑步，所以我享受着每一天的训练和每一场比赛。"

只有坚持自律的人，才能获得真正的自由。如果你不自律，那你只能沦为个人情绪的奴隶。

——基普乔格

即便后来，基普乔格取得了辉煌的成就，他也没有骄傲自满，没有像有些运动员一样，成名后就放松了训练，结果成绩直线下降。

不管取得多大的荣誉，基普乔格都会第一时间回到卡普塔加特训练营，像从前一样继续训练、劳动。

天赋只是一部分；你还需要热情，当你对一件事情充满热情并且非常专注的时候，你才会坚持训练和挑战。

我从未见过像基普乔格这样热爱跑步的人，也从未见过像他这样自律的人。为了跑步，他什么样的训练都能承受，他真的很爱这项运动。

从小时候在家和学校之间的小路上奋力奔跑，到成为世人瞩目的马拉松冠军，不知不觉间，跑步早已成为基普乔格生命的一部分。

基普乔格热爱跑步，享受突破极限的过程。即使跑步中出现意外情况，他也不会退缩。

　　2015年柏林马拉松比赛开始没多久，基普乔格突然发现自己的鞋垫在往外滑。他每跑一步，那双荧光色的鞋垫就往外滑一点儿，不停地击打着他的脚踝，双脚更是说不出的难受。

　　这样下去，不但会影响跑步节奏，甚至可能会让基普乔格受伤，好心的人们善意地提醒他："你这样跑下去可不行，要不然还是停下来调整一下吧。"

身经百战的基普乔格怎么会不知道继续跑下去的后果是什么，**但他这次是冲着打破世界纪录来的，怎么能轻易退缩呢？**

只要还能跑，基普乔格就会咬牙坚持，绝对不会停下来。

于是，基普乔格淡定地保持微笑继续往前跑。结果，他不但带着这双荧光色的鞋垫坚持到最后，而且还获得了冠军。虽然他最终并没有打破世界纪录，但是却跑出了个人最好成绩。

而那双荧光色的鞋垫则成了这场比赛中最亮眼的一道风景，因为它们见证了一名马拉松运动员的精神力量。

奔跑永无止境，继续挑战极限

如今，基普乔格已经快40岁了，作为一个马拉松运动员，他已经到了退役的年龄，但是基普乔格丝毫没有退役的打算。

基普乔格把他自己的下一个目标，放在了2024年巴黎奥运会上，他想要成为历史上第一位连夺三届奥运会金牌的马拉松运动员。

在基普乔格看来，人类就是要不断挑战极限，他曾经说过：

永远不要为自己设限，人类是没有极限的。希望大家为自己设立更高的目标，在每一次挑战中勇于突破自我。

基普乔格说："重要的是创造历史，人的潜能是没有极限的，无论什么职业，都不应该限制你。我尊重我正在做的事情，作为一名优秀的职业运动员，我专注于追逐目标，不被其他事情干扰，比如谈论年龄和成绩。"

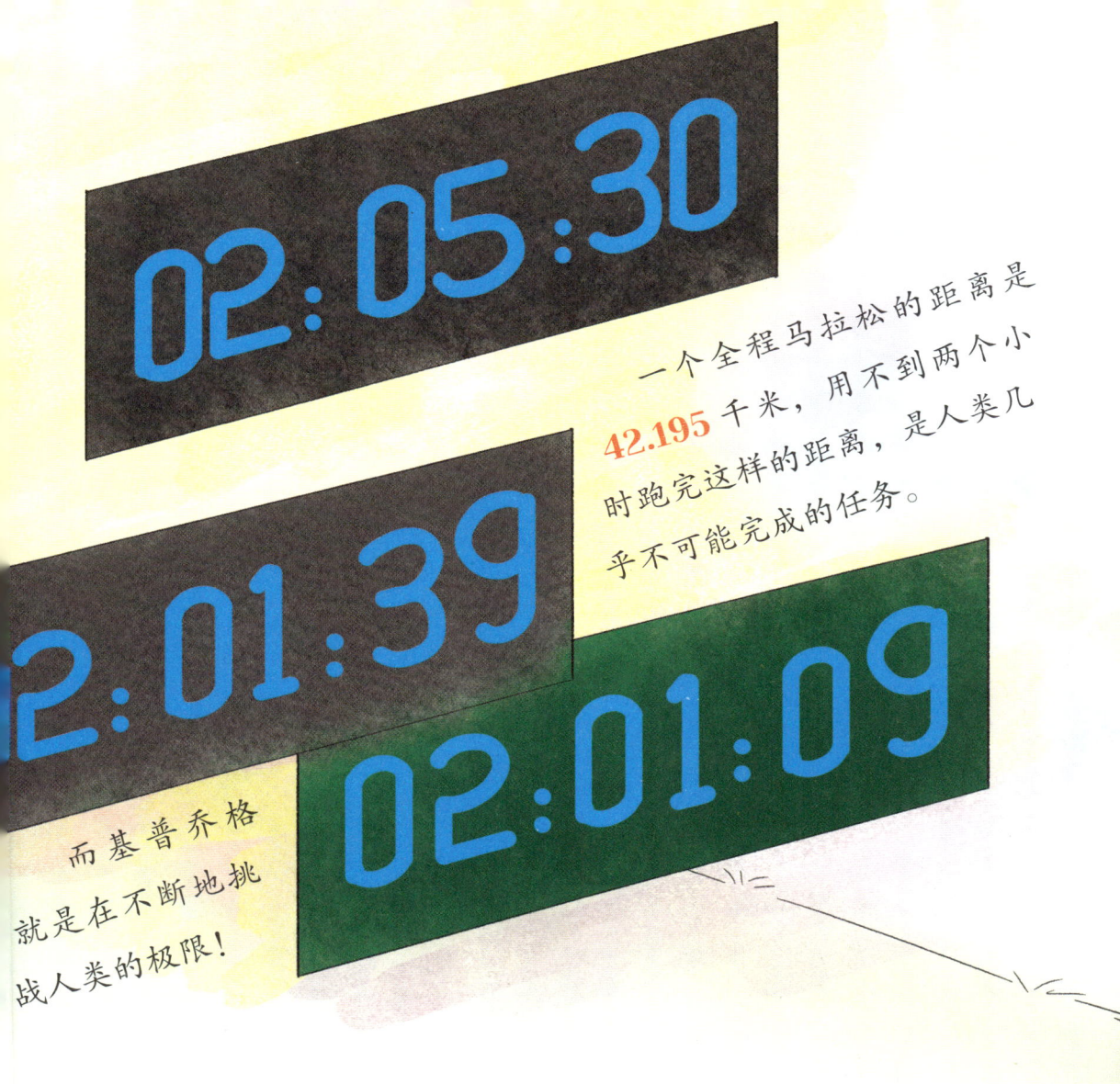

一个全程马拉松的距离是 **42.195** 千米，用不到两个小时跑完这样的距离，是人类几乎不可能完成的任务。

而基普乔格就是在不断地挑战人类的极限！

跑步给基普乔格的家人带来了食物，把他们从生活的泥沼中拉了出来，更重要的是，跑步让基普乔格体会到了为实现目标努力**超越自我**的力量。

这种力量是一种不断突破、永不放弃的力量，基普乔格要用自己的亲身经历把这种力量带给更多的人。

基普乔格已经想好了,退役之后,他依然会跑步。他要周游世界,给孩子们上课,让他们了解体育的重要性,让更多的人爱上体育运动,并从中获益。

这是他给自己设定的目标,也是一个伟大的运动员最让人感动的地方。

基普乔格说:"跑步给我的家人带来了食物,我也可以用跑步来激励这个世界。定好目标之后,就要下定决心挑战自我、超越目标。可能第一次只是一秒的突破,但下一次就会是十秒,或者二十秒,这种满足感就是我的精神动力。**打破纪录本身不是重点,为它所付出的努力才是。**"

从基普乔格身上我们可以看出,挑战自我、超越目标是世界上最酷的事!你愿意勇敢地尝试一下吗?

基普乔格

JIPUQIAOGE

肯尼亚

马拉松
运动员

男子马拉松世界纪录创造者

10届马拉松大满贯赛事冠军

全球第一位全程马拉松跑进2小时大关的选手

国际田联评价基普乔格为"马拉松之王"

荣誉记录

体育名人堂

- 男子马拉松世界纪录创造者（2小时01分09秒）
- 2次奥运会男子马拉松冠军（2016年里约热内卢奥运会、2020年东京奥运会）
- 4次伦敦马拉松冠军
- 4次柏林马拉松冠军
- 1次东京马拉松冠军
- 1次芝加哥马拉松冠军
- 《吉尼斯世界纪录大全2022》名人堂入选者
- 1次劳伦斯特别成就奖
- 2次国际田联年度最佳男运动员
- 4次AIMS（国际马拉松和公路跑协会）马拉松最佳男运动员

（截至2023年7月31日）

马拉松

MALASONG

起源

相传马拉松比赛起源于公元前 490 年发生在马拉松平原上的希波战争。当时，雅典人在这场战争中取得了胜利，一个名叫斐迪庇第斯的士兵被派回去报信。为了让故乡人民尽快知道胜利的喜讯，他一路飞奔跑回雅典，结果在喊出获胜的消息后便力竭而死。

为了纪念这一事件，1896 年第一届现代奥林匹克运动会便设立了马拉松项目，并把比赛的起点和终点定在了马拉松和雅典。

分类

马拉松分为全程马拉松、半程马拉松和四分马拉松。其中，全程马拉松比赛最为普及，一般提及马拉松，即指全程马拉松，距离为 42.195 千米。

著名赛事

全世界每年有超过 800 场马拉松比赛。被公认为级别最高的 6 项年度城市马拉松赛事分别是：波士顿马拉松、纽约马拉松、芝加哥马拉松、伦敦马拉松、柏林马拉松和东京马拉松。其中，波士顿马拉松始创于 1897 年 4 月 19 日，是世界上最古老的年度城市马拉松赛事，也是世界上最负盛名的路跑赛事之一。

同时，这 6 项年度城市马拉松赛事与两年一次的世界田径锦标赛马拉松比赛和四年一次的奥运会马拉松比赛，共同组成了世界马拉松大满贯，代表了当今马拉松运动的最高水准。

比赛规则

运动员只要在裁判的监督下沿正确的路线比赛即可，如有特殊原因，还可在裁判员的监督下离开比赛路线，但必须保证比赛距离不被缩短，否则就会失掉比赛资格。

在马拉松比赛中，起点和终点都提供水和其他补给，而在比赛路线上，每隔约 <u>5 千米</u>有一个补给站，除此之外，运动员不能从比赛线路上的其他地方获得补给。

世界纪录

马拉松比赛一般在室外进行，不确定因素较多，所以一直没有设立世界纪录，只有"世界最好成绩"。为了促进路跑项目的发展，国际田联自 2004 年 1 月 1 日起设立包括马拉松在内的路跑项目的世界纪录。

2019 年 10 月 13 日，在芝加哥马拉松比赛中，肯尼亚选手布里吉德·科斯盖以 2 小时 14 分 04 秒的成绩获得女子组冠军，创造了新的女子马拉松世界纪录。

2022 年 9 月 25 日，在柏林马拉松比赛中，肯尼亚长跑名将埃鲁德·基普乔格以 2 小时 01 分 09 秒的成绩获得男子组冠军，创造了新的男子马拉松世界纪录。